BEI GRIN MACHT SICH IHR WISSEN BEZAHLT

- Wir veröffentlichen Ihre Hausarbeit, Bachelor- und Masterarbeit
- Ihr eigenes eBook und Buch - weltweit in allen wichtigen Shops
- Verdienen Sie an jedem Verkauf

Jetzt bei www.GRIN.com hochladen und kostenlos publizieren

Bibliografische Information der Deutschen Nationalbibliothek:

Die Deutsche Bibliothek verzeichnet diese Publikation in der Deutschen Nationalbibliografie; detaillierte bibliografische Daten sind im Internet über http://dnb.d-nb.de/ abrufbar.

Dieses Werk sowie alle darin enthaltenen einzelnen Beiträge und Abbildungen sind urheberrechtlich geschützt. Jede Verwertung, die nicht ausdrücklich vom Urheberrechtsschutz zugelassen ist, bedarf der vorherigen Zustimmung des Verlages. Das gilt insbesondere für Vervielfältigungen, Bearbeitungen, Übersetzungen, Mikroverfilmungen, Auswertungen durch Datenbanken und für die Einspeicherung und Verarbeitung in elektronische Systeme. Alle Rechte, auch die des auszugsweisen Nachdrucks, der fotomechanischen Wiedergabe (einschließlich Mikrokopie) sowie der Auswertung durch Datenbanken oder ähnliche Einrichtungen, vorbehalten.

Impressum:

Copyright © 2012 GRIN Verlag, Open Publishing GmbH
Druck und Bindung: Books on Demand GmbH, Norderstedt Germany
ISBN: 9783668506220

Dieses Buch bei GRIN:

http://www.grin.com/de/e-book/373153/charakteristika-starker-und-schwacher-saeuren-ein-versuchsprotokoll

Konstantin Krummel

Charakteristika starker und schwacher Säuren. Ein Versuchsprotokoll

GRIN - Your knowledge has value

Der GRIN Verlag publiziert seit 1998 wissenschaftliche Arbeiten von Studenten, Hochschullehrern und anderen Akademikern als eBook und gedrucktes Buch. Die Verlagswebsite www.grin.com ist die ideale Plattform zur Veröffentlichung von Hausarbeiten, Abschlussarbeiten, wissenschaftlichen Aufsätzen, Dissertationen und Fachbüchern.

Besuchen Sie uns im Internet:

http://www.grin.com/

http://www.facebook.com/grincom

http://www.twitter.com/grin_com

A13 Charakteristika starker und schwacher Säuren

Name: Konstantin Krummel

Datum des Versuchs: 07.02.2012

Protokolldatum: 15.02.2012

Versuch 13 – Charakteristika starker und schwacher Säuren

Praktikum Allgemeine Chemie

Inhaltsverzeichnis

1. Ziel des Versuches 3
2. Theorie 3
3. Reaktionsgleichung 5
4. Versuchsaufbau 5
5. Versuchsdurchführung. 6
6. Messwerte und Auswertung 6
   a. Messwerte NaOH -> CH_3COOH 6
   b. Messwerte NaOH -> HCl 8
   c. Auswertung 9
   d. pKs-Wert-Berechnung der Essigsäure. 10
   e. Aufzeigen des Unterschiedes zwischen Äquivalenz- und Neutralpunkt anhand der Essigsäurentitrationskurve 10
   f. Berechnung des pH-Wertes einer Lösung mit 0,1 mol Essigsäure und 0,1 mol Natriumacetat 10
   i. pH-Wert der Lösung nach Zugabe von n(HCl) = 10 mmol 10
   ii. pH-Wert der Lösung nach Zugabe von n(NaOH) = 10 mmol 11
7. Zusammenfassung. 11
8. Literatur 11

1. Ziel des Versuches

In diesem Versuch wird der Äquivalenzpunkt einer starken sowie der einer schwachen Säure durch Titration ermittelt.

2. Theorie

Zunächst betrachten wir Formeln mit denen die pH-Werte der Lösung an charakteristischen Punkten bestimmt werden können.
Für schwache Säuren kann hier die Henderson-Hasselbach-Gleichung genutzt werden:

$$pH = pKs + log\frac{[A^-]}{[HA]}$$

Bei starken Säuren gilt hingegen

$$pH = -_{10}log[H_3O^+]$$

Hergeleitet wird dies wie folgt:

$$HA + H_2O \leftrightarrow H_3O^+ + [A^-]$$

$$K_3 = \frac{[H_3O^+][A^-]}{[HA]}$$

$$[H_3O^+] = K_3 * \frac{[HA]}{[A^-]}$$

$$log[H_3O^+] = \log K_3 + log\frac{[HA]}{[A^-]}$$

$$-\log[H_3O^+] = -\log K_3 + log\frac{[A^-]}{[HA]}$$

$$ph = pKs + log\frac{[A^-]}{[HA]}$$

Bei der durchgeführten Säure-Basen-Titration wird auf eine potentiometrische Titration zurückgegriffen. Hierunter wird eine elektrochemische Messmethode in der chemischen Analytik verstanden, die den pH-Wert direkt bestimmt und anzeigt und somit deutlich genauer als ein Farbindikator ist.
Im Versuch wird der Äquivalenzpunkt gesucht, der die vollständige Neutralisation der Säure bezeichnet. Hierzu wird langsam Lauge in die Säure titriert bis die Äquivalenzstoffmenge an NaOH erreicht ist. Für die Auswertung wird über diesen Punkt hinaus titriert und anschließend das zugegebene NaOH-Volumen gegen den pH-Wert im Koordinatensystem aufgetragen. Der Wendepunkt der Titrationskurve entspricht dem Äquivalenzpunkt.
Der Neutralpunkt bezeichnet den Punkt in der Titrationskurve, an dem der pH-Wert gleich sieben sind. Bei einer starken Säure und einer starken Lauge fallen Äquivalenzpunkt und Neutralpunkt aufgrund vollständiger Dissoziation zusammen. Bei einseitig schwachen Komponenten verschiebt sich der Äquivalenzpunkt entsprechend.
 Es wird nun die Besonderheit der pH-Wert Berechnung einer schwache Säure HA verdeutlicht:

Sei HA eine schwache Säure und A+ eine korrespondierende Base, so gilt bei der Beziehung der Säurekonstante (KS-Wert) zur H3O+-Ionen Konzentration:

$$[H_3O^+] = K_3 \, x \, \frac{[HA]}{[A^-]}$$

Mit der Logarithmenregel aus der Herleitung ergibt sich die Henderson-Hasselbalch-Gleichung als logarithmische Form der Säurekonstanten:

$$pH = pK_s + \lg(\frac{[A^-]}{[HA]})$$

Ist die Hälfte der Säure neutralisiert so gilt vereinfacht:

$$pH = pK_s + \lg\left(\frac{[A^-]}{[HA]}\right) = pK_s + \lg(1) = pK_s + 0 = pK_s$$

Liegt eine starke Säure, wie etwa die verwendete Salzsäure, vor, so liegt das Gleichgewicht auf Seite der Produkte. Durch die Titration einer starken Lauge wird die saure Wirkung der Säure durch die Neutralisierung aufgehoben. Die Neutralisation ist eine Reaktion von Hydronium-Ionen mit Hydroxid-Ionen zu Wassermolekülen - die Anionen der Säure und die Kationen der Base sind nicht beteiligt.
Bei einer schwachen Säure, wie der ebenfalls verwendeten Essigsäure, findet die Dissoziation nicht vollständig statt. Der pH-Wert lässt sich dadurch nicht aus der Säurekonzentration errechnen, sondern nur mit Hilfe der Lage des Protolysegewichts. Aufgrund der geringeren Anzahl an Hydronium-Ionen werden die wenigen vorhandenen bei der Neutralisierung mit Natronlauge aus dem Gleichgewicht entfernt. Die entstandene Lösung reagiert aufgrund der Reaktion der Acetat-Ionen mit Wasser alkalisch.
Nach Brönsted kann ein Wassermolekül sowohl die Funktion als Säure auch als Base einnehmen. Im reinen Wasser findet die sogenannte Autoprotolyse statt:

$$2H_2O \leftrightarrow H_3O^+ + OH^-$$

$$K_W = [H_3O^+][OH^-] = 10^{-14}\frac{mol^2}{l^2}$$

In reinem Wasser gilt so:

$$[H_3O^+] = [OH^-] = \sqrt{10^{-14}\frac{mol^2}{l^2}} = 10^{-7}\frac{mol^2}{l^2}$$

Daraus folgt für den pH-Wert
$$pH = pOH = -_{10}log10^{-7} = 7$$

Zur Bestimmung des Äquivalenzpunktes stehen mehrere Methoden zur Verfügung, die sich in grafische und rechnerische Verfahren untergliedern.
An grafischen Methoden sind das Tangentenverfahren und die Kreis-Methode nach Tubbs zu nennen. Bei beiden Verfahren ist die Titrationskurve zunächst grafisch in einem pH/ml-NaOH Diagramm aufzutragen. Bei dem Tangentenverfahren werden dann zwei beliebige, aber zueinander parallele Richtungstangenten an den Kurvenästen eingezeichnet. Die sollte unmittelbar vor, bzw. nach, dem Potentialsprung erfolgen. Eine weitere parallele Tangente in der Mitte zwischen den beiden Vorherigen markiert im Schnittpunkt den Äquivalenzpunkt. Um gute Ergebnisse zu erhalten ist ein symmetrisches Kurvenverhalten der Titrationskurve

notwendig und verlangt bei nicht vorliegen eine Extrapolation.

Die Kreismethode nach Tubbs ist noch weiter vereinfacht. Mittels einer Kreisschablone welche in den Bögen des Potentialsprungs angelegt wird, wird der passende Kreisradius aufgesucht. Anschließend wird eine Gerade zwischen den beiden Kreismittelpunkten gezogen. Der Geradenschnittpunkt mit der Titrationskurve markiert dann den Äquivalenzpunkt. Diese Methode hat den Vorteil dass auch bei nicht symmetrischen Kurvenverläufen gute Ergebnisse erzielt werden können[2].

Die Granmethode kommt ohne grafische Auftragung aus. Hierbei wird aus dem Volumen und der Konzentration eine Geradengleichung aufgestellt, wo bei die Formel jeweils zwischen Starker Säure -> starke Base und Schwache Säure -> starke Base und den auftretenden Abschnitten Saurer sowie Basischer Bereich. Der Schnittpunkt der beiden resultierenden Geraden markiert den Äquivalenzpunkt.

3. **Reaktionsgleichung**
   a. Neutralisation von HCl mit NaOH
   $$HCl(aq) + NaOH(aq) \rightarrow H_2O(l) + Na^+(aq) + Cl^-(aq)$$
   b. Neutralisation CH3COOH mit NaOH
   $$CH_3COOH(aq) + NaOH(aq) \rightarrow H_2O(l) + Na^+(aq) + CH_3COO^-(aq)$$

4. **Versuchsaufbau**

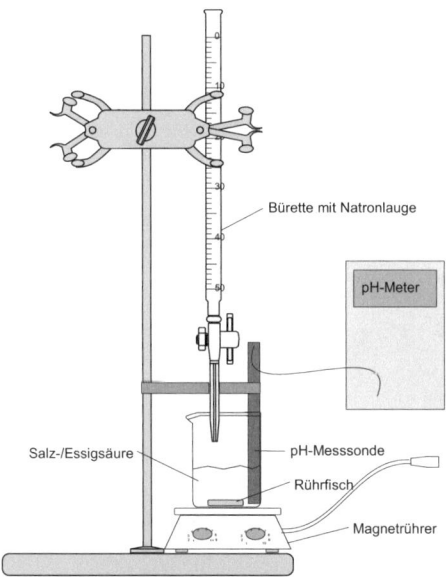

Der Versuchsaufbau geschieht wie in der Skizze angegeben. Eine 50ml-Becherglas wird mit einem Rührfisch versehen und unter eine Bürette gestellt. Als Nächstes wird die Sonde vom pH-Meter mit VE-Wasser gespült und anschließend so im am Stativ befestigt dass sie sich sicher, ohne

Rührfischkontakt, im Becherglas befindet.

5. **Versuchsdurchführung**

   Zu Beginn wird die Bürette mit etwas NaOH gespült, um etwaige Verunreinigungen auszuschließen.
   Danach wird 10ml 0,1molarer Salzsäure mit 0,1molarer Natronlauge titriert. Zur Bestimmung des pH-Wertes wird ein pH-Meter verwendet. Zur vollständigen Vermischung wird die Lösung im Becherglas mittels Rührfisch konsequent in Bewegung gehalten.
   Die Titration beginnt in 0,5ml Schritten und geht im Bereich des Umschlagpunktes auf 0,2ml Schritte. Der jeweilig gemessene pH-Wert wird in einer Wertetabelle festgehalten. Hierbei muss gewartet werden bis das pH-Meter sich eingependelt hat. Über den Umschlagpunkt hinaus wird noch mind. 10ml in 0,5ml Schritten weitertitriert.
   Die Essigsäuretitration erfolgt analog.

6. **Messwerte und Auswertung**

   a. Messwerte NaOH -> CH_3COOH

ml	pH-Wert
0,0	2,956
1,0	3,65
1,5	3,90
2,0	4,07
2,5	4,21
3,0	4,33
3,5	4,45
4,0	4,55
4,5	4,63
5,0	4,73
5,5	4,82
6,0	4,90
6,5	5,01
7,0	5,10
7,5	5,23

8,0	5,37
8,5	5,60
9,0	5,83
9,5	6,68
9,7	9,46
9,9	10,65
10,1	11,16
10,3	11,26
10,5	11,48
11,0	11,69
11,5	11,84
12,0	11,89
12,5	11,95
13,0	12,00
13,5	12,06
14,0	12,10
14,5	12,13
15,0	12,15
15,5	12,18
16,0	12,20
16,5	12,23
17,0	12,25
17,5	12,27
18,0	12,28
18,5	12,29
19,0	12,31
19,5	12,33
20,0	12,35

b. **Messwerte NaOH -> HCl**

ml	pH-Wert
0,0	1,239
0,5	1,208
1,0	1,248
1,5	1,274
2,0	1,311
2,5	1,372
3,0	1,441
3,5	1,506
4,0	1,539
4,5	1,542
5,0	1,679
5,5	1,750
6,0	1,884
6,5	2,000
7,0	2,205
7,5	2,517
8,0	8,835
8,2	10,665
8,4	11,220
8,6	11,463
8,8	11,618
9,0	11,648
9,2	11,476
9,4	11,815
9,6	11,845

9,8	11,909
10,0	11,952
10,5	12,012
11,0	12,072
11,5	12,129
12,0	12,166
12,5	12,184
13,0	12,210
13,5	12,239
14,0	12,261
14,5	12,278
15,0	12,293
15,5	12,310
16,0	12,325
16,5	12,338
17,0	12,353
17,5	12,365
18,0	12,378
18,5	12,388
19,0	12,395
19,5	12,401
20,0	12,412

c. **Auswertung**

Die Auswertung findet grafisch nach der Kreis-Methode nach Tubbs statt (siehe Anhang).
Es resultieren:
der Äquivalenzpunkt bei der CH_3COOH-Titration bei einem pH-Wert von 8,8, bzw. 9,9 ml NaOH
der Äquivalenzpunkt bei der HCl-Titration bei einem pH-Wert von 6,1, bzw. 7,9 ml NaOH

d. pKs-Wert-Berechnung der Essigsäure

Mit Hilfe des Anfangs-pH-Wertes und und der Anfangskonzentration kann der pKs-Wert der Essigsäure bestimmt werden:

$$HA = c_0 = 0,1 \; \frac{mol}{l}$$
$$pH_0 = 2,956$$
$$[A^-] = [H_3O^+]$$
$$pH = -_{10}log[H_3O^+]$$
$$H_3O^+ = 10^{-2,956} = 0,0011$$
$$pH = pKs + log\frac{[A^-]}{[HA]}$$
$$pKs = 2,956 - log\frac{0,0011}{0,1} = 4,912$$

Der pKs-Wert errechnet sich zu 4,912. Der Literatur-Referenzwert ist in der Versuchsanleitung mit 4,75 angegeben, so dass eine Abweichung festzustellen ist. Dis Diskussion dieses Fehlers findet später statt.

e. Aufzeigen des Unterschiedes zwischen Äquivalenz- und Neutralpunkt anhand der Essigsäurentitrationskurve

Der Neutralpunkt liegt definitionsgemäß bei einem pH-Wert von sieben. In der Auswertung wurde bereits gezeigt dass der Äquivalenzpunkt unserer Essigsäuretitration bei einem pH-Wert von 8,8 liegt. Somit lässt sich feststellen, dass der Neutralpunkt und der Äquivalenzpunkt nicht gleich sein müssen.

Wird die Salzsäuretitrationskurve ebenfalls betrachtet, so kann festgestellt werden, dass bei der Titration einer starken Lauge mit einer schwachen Säure einen basischen Äquivalenzpunkt hat, während die Titration einer starken Lauge mit einer starken Säure hingegen sogar leicht sauer ist.

f. Berechnung des pH-Wertes einer Lösung mit 0,1 mol Essigsäure und 0,1 mol Natriumacetat

Da Essigsäure eine unbedeutende Protolyse aufweist kann von einem Gleichgewicht zu Beginn ausgegangen werden, was die Nutzung der vereinfachten Henderson-Hasselbalch-Formel ermöglicht. Ebenso ist der pKs-Wert mit 4,75 bekannt.

$$pH = pKs + \lg(\frac{[A^-]}{[HA]}) = 4,75 + \lg(1) = 4,75$$

i. pH-Wert der Lösung nach Zugabe von n(HCl) = 10 mmol

Das zugegeben HCl resultiert in einer mengenäquivalenten Umsetzung von Actetionen zu Essigsäure:

$$n(Ac^-) = 0,1 \; mol - 0,01 \; mol = 0,09 \; mol$$

$$n(HAc) = 0{,}1\ mol + 0{,}010\ mol = 0{,}11\ mol$$
$$pH = pKs + \lg\left(\frac{[A^-]}{[HA]}\right) = 4{,}75 + \lg\left(\frac{0{,}09\ mol}{0{,}11\ mol}\right) = 4{,}75 + (-0{,}09) = 4{,}66$$

ii. **pH-Wert der Lösung nach Zugabe von n(NaOH) = 10 mmol**
Das zugegebene NaOH resultiert in einer mengenäquivalenten Umsetzung von Essigsäure zu Natriumacetat:

$$n(Ac^-) = 0{,}1\ mol + 0{,}01\ mol = 0{,}11\ mol$$
$$n(HAc) = 0{,}1\ mol - 0{,}010\ mol = 0{,}09\ mol$$
$$pH = pKs + \lg\left(\frac{[A^-]}{[HA]}\right) = 4{,}75 + \lg\left(\frac{0{,}11\ mol}{0{,}09\ mol}\right) = 4{,}75 + 0{,}09 = 4{,}84$$

7. Zusammenfassung

Der von uns bestimmte pKs-Wert von 4,912 weicht deutlich vom Referenzwert von 4,75 ab. Als größte Fehlerquelle ist hier das pH-Meter zu vermuten, da wir es zum einen ungeeicht einsetzen sollten, und zum anderen der pH-Wert für HCl vom Gerät mit 1,239 angegeben wurde. Da dieser Wert definitionsgemäß 1 sein müsste, zeigt dieses Messergebnis schon einen Anfangsfehler auf. Dieser kann einerseits durch die fehlende Eichung, andrerseits aber auch durch eine nicht 100%ige Zusammensetzung der eingesetzten Flüssigkeiten zustande gekommen sein.

Abgesehen davon zeigte gerade die grafische Auswertung deutlich den Potentialsprung und auch den pH-Umschlag. Durch die Titration über den Umschlagspunkt hinaus konnte ferner gezeigt werden, dass die Titrationskurven vor und nach dem Äquivalenzpunkt, abgesehen Steigungsvorzeichen, deutliche Ähnlichkeiten aufweisen.

8. Literatur

1. Erwin Riedel: „Anorganische Chemie", 4. Auflage, Walter de Gruyter-Verlag, Berlin; New York, 1999, S.310ff
2. S. Ebel, E. Glaser, R. Kantelberg und B. Reyer: „Auswertung digitaler Titrationskurven nach dem Tubbs-Verfahren", Frensius Z. Anal. Chem., 1983, 661ff

BEI GRIN MACHT SICH IHR WISSEN BEZAHLT

- Wir veröffentlichen Ihre Hausarbeit, Bachelor- und Masterarbeit

- Ihr eigenes eBook und Buch - weltweit in allen wichtigen Shops

- Verdienen Sie an jedem Verkauf

Jetzt bei www.GRIN.com hochladen und kostenlos publizieren